MÉMOIRE

TOUCHANT

L'INFLUENCE

Que les Nerfs des Poumons exercent sur les Phénomènes chimiques de la Respiration ;

Lu à l'Institut national de France, le 27 novembre 1809.

Par Jean-Michel PROVENÇAL,

Docteur en médecine de la Faculté de Montpellier, etc.

A PARIS,

Imprimerie de LAURENS aîné, rue d'Argenteuil, N°. 8.

1810.

(5.)

MÉMOIRE

Touchant l'Influence que les Nerfs des Poumons exercent sur les Phénomènes chimiques de la Respiration.

ON a reconnu la grande influence du système nerveux dans l'exercice de toutes les fonctions de l'économie animale, et l'on a observé depuis long-temps que si, par une cause quelconque, les nerfs qui se rendent à un organe sont déchirés, coupés ou violemment contus, celui-ci perd aussitôt la faculté de se mouvoir ou de sentir, et cesse d'exécuter les fonctions dont il est chargé.

Les physiologistes ont su profiter des vues que ces cas de médecine-pratique leur offroient : ils ont exécuté sur les animaux vivans, en coupant les nerfs, ce que les accidens produisent souvent dans l'homme, et se sont servis de ce genre d'expériences, comme d'une méthode analytique, pour étudier sous tous les rapports les phénomènes si compliqués des fonctions du corps humain. Cette méthode n'est pas, sans doute, la meilleure à suivre dans l'étude des phénomènes de la vie, puisqu'elle a le grand inconvénient de considérer les fonctions quand les organes qui les exercent sont privés de l'action nerveuse, et au moment où les animaux sont émus, excités par la vue de l'appareil, et les douleurs de l'opération. Mais elle démontre assez bien l'influence du système nerveux dans la plupart des fonctions; et si les recherches qu'elle a suggérées n'ont pas toujours conduit à de grands résultats, elles ont fait connoître certains faits qui expliquent plusieurs phénomènes importans. D'ailleurs quand il s'agit d'opérations si compliquées, d'actes si essentiels à l'entretien de la vie, il faut les considérer sous tous les points de vue, et tenter toutes sortes d'expériences pour éclairer leur histoire.

La ligature des nerfs produit, dans les organes où ils vont se rendre, les mêmes effets que la section complète. Elle détruit toute communication entre le cerveau, la moelle épinière et les organes, arrête l'influence nerveuse, et intercepte même l'action du fluide galvanique, comme M. de Humboldt l'a observé le premier. Ce savant a expérimenté que si , après avoir coupé et séparé des parties environnantes , dans l'étendue d'un pouce environ, un nerf de la cuisse d'une grenouille par exemple , on le lie au niveau des parties dans lesquelles il va se ramifier ; ou si l'on couvre la portion de nerf comprise entre la ligature et les chairs , afin qu'elle ne soit pas enveloppée d'air , et qu'on expose ensuite l'extrémité de ce nerf à l'appareil galvanique , on n'apperçoit dans le membre où le nerf va se distribuer , aucun effet de l'action du fluide galvanique.

Les organes chargés d'une sécrétion particulière éprouvent aussi tous les effets de la ligature ou de la section des nerfs , qui les mettent en rapport direct avec le cerveau et la moelle épinière. M. Dumas (1) a observé, il y a long-temps , que la sécrétion du suc gastrique diminuoit promptement , après la la ligature ou la section des nerfs de la huitième paire , et qu'en liant ou en coupant cette même paire de nerfs , la dissolution des alimens étoit suspendue, que la fermentation et la putréfaction s'établissoient.

---

(1) Dumas, principes de physiologie, tom. 1 , 2e. édition.

Depuis Galien jusqu'à nos jours, on a pratiqué, à diverses époques, dans des vues différentes, la ligature ou la section des deux nerfs de la huitième paire ou de quelques-unes seulement de leurs branches, pour étudier les phénomènes que produit l'interruption de l'action cérébrale, dans les organes où ces nerfs vont se distribuer. Mais personne, avant MM. Dupuytren, Dumas et Blainville, n'avoit pensé à constater l'influence de la section de cette paire de nerfs sur les phénomènes de la respiration, et sur la couleur du sang artériel.

M. Dupuytren (1) s'est occupé le premier de cette question; et, dans une suite d'expériences très-curieuses, il a observé que la section ou la ligature des nerfs de la huitième paire est toujours mortelle; que cette section détermine une asphyxie; que le sang artériel prend une couleur noire et presque charbonneuse; que pendant la durée de cette asphyxie l'air ne cesse pas de pénétrer dans les poumons, et le sang de les traverser;

______

(1) Expériences touchant l'influence que les nerfs des poumons exercent sur la respiration. Biblioth. médic., 1807.

qu'on peut, à l'aide d'une simple compres-
sion des nerfs de la huitième paire, exercée,
suspendue ou bien continuée pendant un
temps très-court, faire naître, cesser ou bien
rendre mortelle cette asphyxie. De tous ces
faits cet habile chirurgien conclut avec raison que la respiration a lieu dans l'état de
santé, sous l'influence des nerfs qui se dis-
tribuent au poumon, et sous l'influence des
nerfs du cerveau.

M. Dumas, qui a enrichi la physiologie et
la médecine de faits précieux et de décou-
vertes utiles, a répété ces expériences, en a
fait de nouvelles très-ingénieuses pour expli-
quer plusieurs faits, et a établi les propositions suivantes (1).

1°. Le trouble que la douleur imprime à
la respiration, suffit pour altérer la couleur
rouge du sang artériel ; il le rend noir,
comme le feroit la section des nerfs qui vont
aux poumons, parce que, dans le trouble où
la douleur jette ces organes, l'air n'y pénétre
plus assez librement pour agir sur le sang et
le colorer en rouge.

____

(1) Journal général de médecine, etc. 1808.

2°. Le sang artériel ne se noircit pas dès que la section des nerfs est faite ; il ne prend cette couleur noire que lorsque l'air contenu dans l'intérieur des poumons est totalement absorbé.

3°. Après la section des nerfs et le changement du sang rouge en sang noir, on rétablit la couleur rouge , si l'on introduit forcément ou de l'air atmosphérique ou de l'oxigène, par une impulsion mécanique dans l'intérieur des poumons.

4°. Les animaux chez lesquels on a coupé les nerfs de la huitième paire , éprouvent non pas les accidens d'un animal asphyxié par un gaz non respirable, mais ceux d'un animal privé d'air.

5°. Le contact de l'oxigène avec le sang dans le canal artériel assure l'action chimique qui le colore en rouge, quoique cette action chimique ne soit pas soumise à l'influence des poumons.

6°. La couleur du sang, étant une qualité physique , ne peut-être modifiée par l'action vitale dans les circonstances essentielles qui la préparent ; elle ne l'est que dans les circonstances accessoires qui la préparent comme l'introduction et la pénétration de l'air à travers les vésicules du poumon, où il se met en contact avec les principes du sang.

M. *Blainville* (1) a remarqué que la section d'un seul nerf de la huitième paire n'est pas mortelle, que les lapins meurent en sept heures, et les pigeons du sixième au septième jour de la section des deux nerfs ; il a observé que le nombre des inspirations diminue après l'opération, mais que l'animal fait entrer dans ses poumons un aussi grand volume d'air qu'avant la section ; il a vu que le sang artériel ne passe pas de suite à l'état veineux, et il n'a reconnu aucun signe manifeste d'asphyxie. L'air inspiré, dit M. Blainville, paroît être vicié de la même manière après qu'avant l'opération, d'où l'on pouroit conclure que les phénomènes chimiques ne sont pas interrompus.

On voit par le court exposé que nous venons de donner des expériences de MM. Dupuytren, Dumas et Blainville, que ces estimables auteurs ne sont pas entièrement d'ac-

______

(1) Propositions extraites d'un Essai sur la respiration, etc. Paris, 1803.

cord sur plusieurs points de l'histoire de cette expérience, et que chacun d'eux est arrivé à quelques conséquences différentes. Mon projet n'est pas de chercher à indiquer ici les causes de cette diversité d'opinions, et de tâcher de déterminer, par leurs expériences et par celles que j'ai faites, les véritables phénomènes qui se passent dans la respiration, et les changemens que la couleur du sang arté el éprouve, après la ligature ou la section des nerfs de la huitième paire.

Nous nous sommes proposé d'éxaminer dans ce mémoire si l'animal, auquel on a coupé ou lié les nerfs de la huitième paire, absorbe autant d'oxigène, produit la même quantité d'acide carbonique avant qu'après l'opération, et si la chaleur animale n'éprouve aucune variation dans le cours de cette expérience ; la solution de cette question importante sera le complément des belles expériences de MM. Dupuytren, Dumas et Blainville.

Pour résoudre la première partie de cette question, j'ai fait, à Arcueil, chez M. Berthollet, un très-grand nombre d'expériences sur des cochons d'Inde et sur des lapins. Voici de quelle manière j'ai procédé dans mes recherches : avant de faire la ligature ou la section de la huitième paire de nerfs , j'ai placé l'animal dans un manomètre (1) dont la capacité m'étoit connue ; j'ai déterminé exactement la quantité d'oxigène qu'il absorbe et d'acide carbonique qu'il produit dans un temps donné, quand il se porte bien, afin de pouvoir reconnoître les changemens que cette section produit dans les phénomènes chimiques de la respiration. J'ai ensuite pratiqué la section ou la ligature de ces nerfs au même animal, je l'ai mis en expérience peu de temps après dans le même manomètre, et je l'y ai laissé autant de temps qu'avant l'opération. J'observerai que le manomètre dont je me suis servi dans toutes mes expériences, n'étoit pas pourvu d'un thermomètre à l'intérieur, et que j'ai été obligé de prendre la température , avant de retirer l'animal , en appliquant la boule du thermomètre contre le manomètre. Mais ce léger inconvénient ne nuit point à l'exactitude de mes expériences , puisqu'il s'agissoit seulement de reconnoître des quantités relatives.

(1) Voyez la description de cet instrument par M. C. L. Berthollet, dans le premier volume de la Société d'Arcueil.

J'ai déterminé la quantité d'acide carbonique en lavant le gaz avec l'eau de chaux ou l'eau de baryte. Toutes les analyses ont été faites par l'inflammation du gaz hydrogène, d'après la méthode de MM. Humboldt et Gay-Lussac. Nous avons pensé qu'il seroit trop long et même inutile de rapporter tous les détails de chacune de nos expériences; nous avons réuni dans le tableau suivant les résultats que nous avons obtenus.

ANIMAL soumis à l'expérience.	TEMPS qu'a duré l'expérience.	ANALYSE DE L'AIR DU MANOMÉTRE.			
		Oxigène absorbé sur 100 en volume.		Acide carbonique produit sur 100 en volume.	
		avant la section des nerfs.	après la section des nerfs.	avant la section des nerfs.	après la section des nerfs.
a. Lapin.	20 minutes	9,86.	6,34.	6,91.	4,62.
b. Lapin.	20'	10,01.	6,72.	7,80.	5,01.
c. Lapin.	20'	9,47.	8,02.	6,86.	5,43.
d. cochon d'inde	20'	7,92.	5,81.	6,13.	3,07.
e. cochon d'inde	20'	7,10.	5,98.	5,80.	4,01.

Il résulte du petit nombre d'expériences que nous avons consigné dans ce tableau, et de toutes celles que nous avons faites , que constamment les animaux auxquels on a lié ou coupé les nerfs de la huitième paire , absorbent moins d'oxigène et produisent une plus petite quantité d'acide carbonique qu'avant l'opération. Cette différence dans l'action chimique de la respiration, provenant essentiellement de l'effet de la section des nerfs , est d'abord peu sensible ; mais à mesure que l'animal s'éloigne davantage du moment où la section a été faite , il prend toujours moins d'oxigène , la quantité d'acide carbonique varie en proportion , et il arrive un moment où tous les phénomènes chimiques sont suspendus , détruits , et l'animal meurt.

A l'ouverture du cadavre on trouve les poumons plus ou moins engorgés d'un sang noir. Cet engorgement ne se forme pas dans les derniers momens de la vie , comme on pourroit le supposer ; je l'ai vu chez des chiens opérés depuis dix à douze heures , qui étoient restés assez vigoureux pour pouvoir vivre encore plusieurs heures , et auxquels j'ouvrois la poitrine pour vérifier ce fait. Il n'existe pas chez les animaux qui ne vivent pas long-tems après cette section , comme je l'ai observé souvent sur un grand nombre de lapins et de cochons d'Inde.

Il seroit important maintenant de chercher à rendre raison de la mort des animaux, auxquels on a coupé ou lié les nerfs de la huitième paire, et de faire voir par quelle suite de phénomènes ces animaux périssent : mais comme l'examen de cette question m'écarteroit trop de mon but, j'en ferai l'objet d'un second mémoire, dans lequel j'exposerai les faits que j'ai observés, en rappellant les observations et les opinions de tous les physiologistes qui ont pratiqué cette expérience.

Comme il est bien démontré, par les expériences de Lavoisier et de M. Laplace (1), que la respiration est la principale source de la chaleur animale, et que la température des animaux dépend du degré de leur respiration, il étoit curieux d'examiner si la section de la huitième paire de nerfs, qui produit une diminution bien sensible dans la quantité d'oxigène que l'animal absorbe, et dans celle de l'acide carbonique qu'il forme, quand il se porte bien, ne changeroit pas aussi la température des animaux.

____

(1) Mémoires de l'académie des sciences, 1781.

Pour déterminer exactement si la chaleur des animaux éprouve quelque variation, après la section des nerfs de la huitième paire, il falloit d'abord constater, par un grand nombre d'observations, le degré de température des animaux que l'on destinoit à ces expériences, et comparer ces premiers résultats avec ceux que l'on obtiendroit après cette section. Mais de quelle manière doit-on procéder pour avoir la température réelle des animaux ? Quelques physiologistes ont introduit la boule du thermomètre dans la bouche, l'oreille et le rectum des animaux dont ils vouloient connoître le degré de chaleur. Mais il me semble que cette manière d'évaluer la température des animaux n'est pas très-exacte ; elle peut seulement nous faire connoître la chaleur ~~spéciale~~ des parties. Ainsi en ouvrant la bouche d'un animal pour y placer le thermomètre , les mouvemens continuels d'inspiration et d'expiration établissent dans cette cavité des courans d'air qui empêchent de prendre la véritable température. M. Prunelle (1), en observant la

---

(1) Mémoire sur les phénomènes et sur les causes du sommeil hyvernal de quelques mammifères , lu à l'Institut.

température

température des hérissons, a reconnu que le thermomètre placé dans la bouche indiquoit $\frac{7}{8}$ de moins que la température réelle de l'animal. D'autres physiologistes ont appliqué la boule du thermomètre à différentes parties du corps, ce qui me paroît encore moins exact; car on sait que plusieurs causes peuvent rendre la circulation moins active vers l'extérieur, concentrer les forces vitales, et changer très-promptement la température de la surface du corps. Le système vasculaire sanguin et surtout le système artériel étant le réservoir, le centre principal de la chaleur animale, c'est dans l'une de ses grandes cavités que l'on doit plonger le thermomètre, pour connoître la température des animaux.

C'est cette méthode que j'ai suivie dans toutes mes expériences : elle a l'inconvénient de priver le physiologiste, en faisant périr promptement l'animal, d'observer encore sa température, après la section des nerfs de la huitième paire, pour pouvoir reconnoître les changemens que cette section a produits dans sa chaleur, Mais comme il m'a été facile de me procurer autant de chiens que j'en ai voulu, j'ai remédié à ee défaut en choisissant toujours deux chiens de même taille, à-peu-près du même âge, et de même sexe : à l'un j'ai ouvert la poitrine, j'ai fait une ouverture à l'artère aorte près de son origine ou au ventricule gauche du cœur, et j'y ai plongé la boule du thermomètre ; j'ai coupé les nerfs de la huitième paire à l'autre, et après quelques heures, je lui ai aussi ouvert la poitrine, fait une ouverture à l'aorte ou au ventricule gauche du cœur pour prendre sa température. J'avoue cependant que la circonstance de ne pouvoir faire ces deux observations sur le même animal, laisse quelque doute touchant les petites modifications que l'âge et le tempérament des individus de même espèce apportent dans toutes leurs qualités; mais je pense aussi que ces modifications sont trop légères pour qu'on en pût tirer une objection contre les faits que j'ai l'honneur d'exposer à l'Institut.

J'ai toujours observé que le chien auquel on a coupé les nerfs de la huitième paire, a, quelques heures après cette section, une température moindre que celui à qui on n'a pas pratiqué cette opération. Pour m'assurer positivement si cette diminution de la chaleur animale tient à la plaie du cou, aux accidens qu'elle occasionne ou à la section des nerfs,

j'ai mis chez un chien les nerfs à découvert
sans les couper ; j'ai fait en même temps la
section de cette paire de nerfs à un autre
chien , et après les avoir laissés , le même es-
pace de temps, je les ai ouverts , et j'ai trouvé
que la chaleur du chien auquel j'avois simplement découvert les nerfs , par plusieurs
incisions, avoit une chaleur supérieure à celui auquel j'avois coupé les nerfs, et qu'il
l'avoit égale à un autre chien qui n'avoit subi
aucune opération.

Il seroit important de comparer ces résultats avec ceux que l'on obtiendroit en se ser-
vant du calorimètre. Cette machine est extrê-
mement commode , et d'une grande exactitude. On pourroit déterminer avec beaucoup
de précision les degrés d'altération que la
chaleur animale éprouve depuis le moment
où l'on a fait la ligature ou la section des nerfs
de la huitième paire , jusqu'à la mort de l'a-
nimal. Je ferai très-incessamment ces expériences ; je les comparerai à celles que j'ai
faites avec le thermomètre , et j'en rendrai
compte dans un travail que je donnerai bien-
tôt sur plusieurs points de l'histoire de la
chaleur animale.

Je présente ici en tableau le résultat de
mes expériences.

ANIMAL ouvert pour prendre sa température.	DEGRÉS du thermomètre centigrade.	ANIMAL OUVERT plusieurs heures après lui avoir coupé les nerfs de la 8e. paire, pour prendre sa température.	DEGRÉS du thermomètre centigrade.	ANIMAL OUVERT plusieurs heures après lui avoir mis les nerfs de la 8e. paire à découvert, pour prendre sa températ.	DEGRÉS du thermomètre centigrade.
Chîen de gross. ordinaire,	39°4	Chien de grosseur ordinaire	38°o	Chien de grosseur ordinaire.	40°o
idem. . . .	39°5	idem.	37°2	idem.	39°7
idem. . . .	39°7	idem.	37°5	idem.	40°o
idem. . . .	40°o	idem.	38°1	idem.	39°8
idem. . . .	40°o	idem.	37°o	idem.	40°1
Chien très-gros.	40°o	Chien très-gros. . .	37°4	idem.	40°o
idem. . . .	39°9	idem.	37°3	Chien très-gros. . .	39°9
idem. . . .	40°o	idem.	37°9	idem.	40°o
idem. . . .	40°o	Chienne tr.-gr et pleine.	38°o	idem.	40°o

Il nous paroît assez probable que la diminution de la chaleur animale, après la section des nerfs de la huitième paire, tient essentiellement à l'altération que cette section produit dans les poumons, et sur-tout à ce que l'animal prend moins d'oxigène et forme une plus petite quantité d'acide carbonique que dans l'état naturel ; on sait en effet qu'on paralyse de suite les muscles, en coupant les nerfs qui vont s'y distribuer. Nous n'ignorons pas que les poumons reçoivent des rameaux du grand sympathique, mais il paroît que la huitième paire exerce une plus grande action sur ces organes. Les poumons à la vérité ne peuvent pas être assimilés à un muscle, mais ils peuvent y être comparés sous le rapport des mouvemens qu'ils exécutent, et sous celui du besoin qu'ils ont de l'influence nerveuse pour l'exercice de leurs fonctions.

On peut, je crois, déduire les propositions suivantes de tous les faits que nous avons exposés dans ce mémoire :

1°. La respiration s'exerce, dans l'état naturel, sous l'influence du cerveau par l'intermède des nerfs de la huitième paire.

2°. Les phénomènes chimiques de la respiration ne sont pas détruits après la section de cette paire de nerfs ; ils sont seulement affoiblis par l'effet de l'altération que cette section produit dans les poumons.

3°. Les animaux, auxquels on a pratiqué cette opération, usent une plus petite quantité d'oxigène, et produisent moins d'acide carbonique que quand ils se portent bien.

4°. La température des chiens que j'ai ouverts, étoit le plus souvent de 40° centi.

5°. Si l'on met simplement à découvert les nerfs de la huitième paire, les chiens conservent leur température pendant les premières vingt-quatre heures.

6°. Ceux au contraire qui ont eu ces nerfs coupés, ont sensiblement moins de chaleur, quelques heures après cette section.